AF388405

Heike Haas

Die Autorin des hier vorliegenden Lyrik-Bandes zum Thema
Wasser ist Diplom-Agraringenieurin und war Fachlehrerin für
Gartenbau an Berufsbildenden Schulen. Es ist offensichtlich,
dass Pflanzen, Tiere/Menschen Wasser zum Leben benötigen,
sowohl zum Aufbau des Körpers als auch zur Funktion vieler
Lebensprozesse. Wasser ist allgegenwärtig, es nimmt seinen
Weg von Quellen, Bächen, Flüssen, teils über Wasserfälle bis
zu den Ozeanen der Erde. Heike Haas zeigt Formen und
Lebensbereiche des Wassers in 144 Gedichten. Zu Beginn des
Buches erläutert sie in einem gesonderten Text-Teil die
Bedeutung des Wassers für das Leben der Pflanze, und gibt
weitere Informationen zum Wesen des Wassers.
Leben ist an Wasser gebunden - Wasser ist Leben!

Heike Haas

Wasser ist Leben!

Gedichte und Fotografien

<u>Titel:</u> Verschiedene Strömungsmuster im Fluss (Lahn)

Bibliografische Information
der Deutschen Nationalbibliothek:
Die Deutsche Nationalbibliothek
verzeichnet diese Publikation
in der Deutschen Nationalbibliografie;
detaillierte bibliografische Daten sind
im Internet über dnb.dnb.de abrufbar.

Heike Haas

Wasser ist Leben!

Gedichte und Fotografien

Wassertropfen an Blüten der Walzen-Euphorbie

A. Bedeutung des Wassers für die Pflanze/Wasserkreislauf

Die stärkste Kraft, welche die Wasseraufnahme in Bewegung setzt, ist der Vorgang der Transpiration (Verdunstung). Dies ist der Übergang vom flüssigen Wasser in gasförmiges Wasser (Wasserdampf).

Die Verdunstung erfolgt an den Spaltöffnungen an den Unterseiten der Laubblätter. Dadurch entsteht ein Unterdruck (Sog) in den Leitungsbahnen des Sprosses, der hinunter bis in das Wurzelsystem reicht.

An den Fein-oder Saugwurzeln wird das Wasser aus der Bodenlösung in die Pflanze hineingezogen, zunächst auf zellulärer Ebene. Da normalerweise in den bereits gebildeten Wurzelzellen eine höhere Salzkonzentration herrscht als in der Bodenlösung, wird das Wasser automatisch, das heißt ohne Energieaufwand, in die Pflanze hineingezogen (Vorgang der Osmose).

Die mitgeführten Nährsalze bleiben allerdings erst einmal außerhalb, da sie nur unter Energieaufwand der Zellen aufgenommen werden können, was erst nach und nach erfolgt.

Das an der Wurzel einströmende Wasser folgt also dem Transpirationssog durch das Leitungssystem der Pflanze, auf dem Weg aufwärts zu den Blättern. Wenn das Laubblatt erreicht wird, wird zunächst Wasser für die Lebensprozesse abgezogen: Lösung der Nährsalze und Farbstoffe in den Zellen; Fotosynthese/Atmung; Ableitung der in den Blättern gebildeten Assimilate (Traubenzucker).

Erreicht das Wasser die Spaltöffnungen und erfolgt die Verdunstung dort, übernimmt das Wasser auch die Aufgabe der Kühlung des Blattes (wichtig bei der Hitze im Sommer).

Immer wenn Wasser an den Blättern verdunstet, wird also an den Wurzeln frisches Wasser in die Pflanze hineingezogen.
In einem Fall klappt dieses nicht: wenn sich an Laubbäumen im Vorfrühling noch keine Blätter befinden! Dann setzt die Pflanze die energieaufwendige Kraft des Wurzeldrucks ein, um das Wasser zu den Knospen hoch zu drücken. Erst dann können die Knospen wachsen, sich entfalten und somit erst dann den Vorgang der Transpiration übernehmen, so dass die Wasseraufnahme durch die Wurzel und das Wachstum der Pflanze/des Laubbaums insgesamt anlaufen kann.

Der Kreislauf des Wassers schließt sich, wenn der Wasserdampf, der bei der Transpiration entsteht, kondensiert und in Tropfenform (Regen/Tau) zum Boden zurückkehrt.

Sonnenstrahlen auf dem Wasser

B. Struktur des flüssigen Wassers

Das Wassermolekül besteht bekanntlich aus zwei Atomen
Wasserstoff (H) und einem Atom Sauerstoff (O). Der Sauerstoff zieht
die Elektronen des Wasserstoffs näher an sich heran, erscheint also
elekro-negativ. Die Wasserstoffatome hingegen geben jeweils ein
Elektron ab und werden dadurch elekro-posiv.
Das Wassermolekül ist ein Dipol, da die Ladungen nicht gleichmäßig
oder gar symmetrisch im Raum verteilt sind: die beiden
Wasserstoffatome bilden einen schrägen Winkel. Die Folge dieser
ungleichmäßigen Anordnung ist die Bildung von Wasserstoff-
Brückenbindungen, die viele Wassermoleküle zusammenhalten.
So lagern sich beispielsweise die Wassermoleküle eines
Wassertropfens in unterschiedlichen Mustern aneinander. Sie bilden
zusammenhängende verzweigte Gebilde, die sogenannten Cluster.

C. Informationsübertragung

Man nimmt an, dass die Aufnahme, Speicherung und
Weiterleitung von Informationen (auch zu Heilzwecken) auf den
Eigenschaften der Clusterbildung von flüssigem Wasser beruht.
Die Informationen, die ins Wasser gelangen, rufen eigene
Schwingungsformen in den Clustern hervor, denn jeder Energie-
Einfluss verursacht eine etwas andere Anordnung der
Wassermoleküle im Cluster. Die Übertragung von Energien/

Schwingungen auf das Wasser kann wohl auf unterschiedliche Weise erfolgen, die eingespeicherten Informationen werden weitergeleitet, um schließlich zu Heilungszwecken (zum Beispiel in Quellen) genutzt zu werden. Eine entscheidende Rolle spielt das Wasser auch bei den Heilmitteln der Homöopathie und der Bachblüten-Therapie. Die endgültige Erforschung des Phänomens der Aufnahme, Speicherung und Weiterleitung von Informationen hält auch in Zukunft weiter an, hierbei geht es um die Messung der Frequenzen der entsprechenden Schwingungen.

D. Heilwässer

Heilwässer finden sich in vielen Regionen Deutschlands, es handelt sich um insgesamt 23 Heilwässer/Heilquellen. Regionales Heilwasser spiegelt den Charakter der Region, das durch das Umgebungsgestein geprägt wird. Reich an Heilquellen sind vor allem der mittlere Westen und der Süden des Landes.
In Österreich gibt es 40 natürliche Mineralwasser; und 118 Heilwasserquellen sind bisher anerkannt. In der Schweiz sind es über 20 Mineral- und Heilwasserquellen; rund 40 % des Schweizer Trinkwassers ist Quellwasser, vor allem im Alpenraum und im Jura. Quellwasser durchläuft verschiedene natürliche Reinigungsprozesse: das Wasser fließt in Bergen über Schotter und Steine, versickert dann langsam durch verschiedene Wasserschichten in den Untergrund.

Kapitel 1:
Formen des Wassers - Regen

Schauerwolke über dem Rhein

Regen

In zartem Hellgrau steht das Zelt,
aus dem der Regen stetig fließt,
und weiter schüttet es der Baum,

der Ströme auf die Erde gießt -
als wär's das Ende dieser Welt!

Aufziehender Regen

Wetterveränderung kündet sich an
durch Sturmwinde, starke und wilde;
die Wolken - sie treiben heran,
was führen sie heute im Schilde?

Lockere Wölkchen wie Wolle vom Schaf
vor ultramarinblauem Himmelsgrund stehn;
als gesponnene Fäden, je nach Bedarf,
lässt der Wind sie am Horizont gehn.

Unter den höheren Wolkenschichten
zieht nun die Sphäre des Regens herein;
wird sich zur dunkelsten Bläue verdichten,
schiebt sich fast schwarz in den Horizont ein.

Wolken nun füllen den Luftraum aus,
schwer von Wasser sie drängen hinab;
der Starkregen fällt in Stömen heraus,
das Land sinkt in Kühle und Feuchtigkeit ab.

Regen im März

Dunkles Wasser,
düstrer Tag;
Regen auftrifft,
wie er mag.

Tropfen fallen
in den Teich -
Kreise schlagen
diese gleich.

Wellen ziehen,
Teich erbebt;
Algen grünen -
Wasser lebt.

Der Regenbogen

Ein Schauer plötzlich bricht herab,
wird weggepeitscht vom böigen Wind,
mit letzten Ahornblättern welk;
Wolken fliehen rasch hinab –
da strahlt die Sonne durch's Gewölk,
erhellt die Regenfront, die blind
entlang des Horizontes treibt!

Sie ist es, die das Zeichen schreibt
nun in das hohe Himmelsrund:
da spannt ein Regenbogen weit
sich über Berg- und Talesgrund –
und heftig leuchtet's farbig bunt
in Lila, Blau, Rot, Gelb und Grün –
die Welt scheint gleißend hell zu glühn!

Die Wolken ziehn, sich weiter drehn,
das mächt'ge Feuer decken zu;
das Farbenspiel verblasst im Nu –
erloschen ist das Phänomen!

Ein dunkler Regentag

Draußen alles grau und fad
Die Berge nebelumhüllt
Von einem bräunlichen Grau

In vollkommener Ruhe
Rühren sich die Blätter kaum
Die Luft ist dunkel und still

Da bricht es aus ihr heraus
Laut tönend aus der Höhe
Ströme von klarem Wasser

Fallen in großen Tropfen

Dann gebündelt zu Schnüren

Aus dem Himmel zur Erde

Äste drängen nun abwärts

Der Starkregen strömt hinab

Und reißt Erde mit sich fort

Ergreifend ist: zu hören

Das Fallen der Regenflut

Und ihr machtvolles Fließen

Regen auf Blumen

Regen

Zur Erde

Auf Blumen fällt

Knospen dicht besetzt von

Tropfen

Ein Regentag im Mai

Regen tropft die Erde nass,
in die Tulpen sinkt er ein;
heller Flieder schimmert blass
hinter rotem Mauerstein.

Und ein süßer Blütenduft
schwebt durch diesen trüben Tag,
füllt die feuchte schwere Luft;
vom Himmel Wasser strömen mag.

Apfelblüten hängen schwer -
unversehrt am hohen Baum;
Wurzeln saugen immer mehr,
dehnen sich im Bodenraum.

Sacht und leise fällt der Regen
auf das grüne Weizenfeld;
ist im Mai ein wahrer Segen
für die junge Pflanzenwelt.

Sommerregen im Gebirge

Der Regen rauscht,
berührt das Blätterdach.
Der Felsblock raucht,
gibt Feuchte dampfend ab.

Die Hitze ist gebrochen,
Baumriesen atmen auf.
Das Eichhorn hat's gerochen,
geht steil den Stamm hinauf.

Wasser steht für Leben,
Wasser steht für Sinn.
Der Himmel hat's gegeben
für alle Wesen hin.

Das Gewitter

Immer stärker kam das Dunkel,
drückend schwül schwoll an die Luft,
weggedrängt das Sterngefunkel,
Rosen strömten süßen Duft.

Von weitem sah ich Schein und Blitz
und auch der Donner nahte schnell;
durch einen schmalen Vorhangschlitz
ein Lichtstrahl zuckte silberhell.

Ein Knall, ein Schall: des Donners Groll,
als dann der Blitz den Birnbaum traf;
in meinen Ohren Lärm erscholl,
war aufgeschreckt aus seichtem Schlaf.

Indessen brandete ein Rauschen:
der Regen floss den Hang hinab,
und aufmerksam war ich am Lauschen,
Geräusche klangen langsam ab.

Regentag im Herbst

Regen schwer vom Himmel sank,
in die Bodenräume tropfte.
Laubstreu schmutzig, nass und krank
unterm Stiefel Löcher stopfte.

Vorhang neblig, undurchsichtig;
nur die braunen Blätter scheinen
an dem Kirschbaum - nicht mehr wichtig -
in dem Regenstrom zu weinen.

Winterregen

Den ganzen Tag nur Winterregen,
die Erde saugt sich nochmals voll.
Und Stürme um das Haus hin fegen,
als käm' vom Himmel heft'ger Groll!

So trüb und grau steht jenes Feld,
nimmt ohne Regung alles hin,
was nur geschieht auf dieser Welt:
auf dass sich zeige tiefer Sinn!

Kapitel 2:

Formen des Wassers - Nebel

Gewitterwolke

Nahen des Gewitters

Stechend heißes Zehren,
Wolken quellen auf,
steigen in die Sphären
weit und hoch hinauf.

Hin und wieder Blitzen,
fernes Donnergrollen,
weißlich gelbe Spitzen,
graue Wirbel rollen.

Stürme losgelassen,
Winde einwärts drehen,
Lichter ganz verblassen,
in das Dunkel gehen.

Gewitterschwüle

Wolkenberge steigen
in den hohen Raum,

Sonnenstrahlen neigen
sich zum schwülen Saum,

der die Wälder einhüllt,
Luft wogt feucht und heiß,

sich mit Nebeln auffüllt:
Wasserschleier weiß!

Gewitterwolke

Hohe Wolke aufgebäumt,
hell hat es aus ihr geschäumt;

quillt bis in der Höhen Grau,
strahlt dazwischen Azurblau;

aufwärts staubt es pulvergleich,
Wölkchen federn watteweich;

von der Muschel breitem Strom
hebt die Wolke sich zum Dom;

sprüht nun um sich weiße Gischt,
unscharf neblig sich verwischt;

von der Sonne rot durchstrahlt,
steht die Wolke wie gemalt!

Weiße Nebelwand

Die Herbstnacht war kühl -
eine weiße Nebelwand
liegt im Tal der Lahn!

Reinweißes Strömen,
die Sonne am Morgen -
ein klarer Kontrast!

Beim weiteren Fließen
reißen sich Wölkchen los
hauchdünn, fein und zart!

Leicht, wie sie schweben
hoch über dem Fluss dahin,
und lösen sich auf!

Februarmorgen

Eiseskälte -
Nebel hüllt den Garten ein.

Weiß erhellte
Feuchte sinkt ins Beet hinein.

Kälte tief und schwer dort hängt,
wo der weiße Nebel drängt.

Lösen wird der Sonne Strahl -
bald er dringt in unser Tal.

Nebel und Sonne

Nebel liegt über dem Tal,
füllt diesen Raum unten auf;
driftet im engen Kanal
bis in das Bergland hinauf!

Drückend, beklemmend und kalt
drängt sich der Nebel herein;
in seiner trüben Gestalt
lässt er die Sonne nicht ein!

Über dem Bergland fernab
ungehemmt Sonne einstrahlt;
auf die Rheinhöhen hinab
hat sie Glutbilder gemalt!

Diese den Nebel erhellen:
Grau wird zu schimmerndem Gold;
lieblich erwachen die Quellen
dort in den Weinbergen hold!

Grauer Nebel

Grauer Nebel liegt

Wie eine schwere Bürde

Über Berg und Tal

Bis die Sonne bricht

Durch die Nebelschicht hindurch

Mit ihrer Wärme

Nebelrauchen über dem Rhein

Grimmiger Frost hat die Welt verhärmt,
Luft von den Bergen zieht her klirrend kalt;
Flusswasser, noch von der Sonne erwärmt:
die Fronten werden begegnen sich bald!

Die Nebel über dem Rhein nun rauchen:
feine Fähnchen steigen nun lautlos auf;
in der Strömung geht leisestes Fauchen -
wieder drängt schneeweißer Nebel herauf!

Dieser verdichtet sich ständig zu Schwaden,
Gespinste verzerren sich über dem See;
verharren erstarrt, mit Kristallen beladen -
dann rieseln Flöckchen von zartem Schnee!

Nebelschwaden

Die Nebelschwaden

Sammeln sich in den Senken

Flüssig wie Wasser

Nebel und Wintersonne

Eisiger Nebel liegt über dem Fluss,
eine Spirale beginnt sich zu drehn;
zögernd erhebt sich die Sonne zum Kuss -
neblige Schwaden, die himmelwärts wehn,

reißen sich Fetzen vom Eisnebel ab,
ziehen hinauf in die goldene Hülle,
auf dass die Sonne dringt tiefer hinab -
strahlend und wärmend in wohliger Fülle!

Ziehende Wolken

Gebannt schau' in den Himmel ich hinaus –
seh', wie die Wolken gemächlich ziehn;
sie strömen Ruhe und Frieden aus
und führen mich zu stiller Einkehr hin!

Ohne Absicht ein Auf- und Niederwallen –
unendlich langsam vergeht die Zeit;
Wolken, ihr werdet mir stets gefallen:
ich spüre einen Hauch von Ewigkeit!

Spätherbst

Verholzt sind die Stängel der Farne,
gelbbraun liegt das Dickicht am Fluss,
schneeweiß schwebt der Distelsame,
der Hochnebel senkt sich zum Kuss

hinab auf das Tal und die Auen,
von spärlicher Lichtspur durchstrahlt -
Flusslandschaft, lass dich anschauen:
verträumt in den Nebel gemalt!

Kapitel 3:

Formen des Wassers - Wasserdampf/Tau

Frühlingsbaum am Wasser

Birkenfrühling

Frische Blättchen, zartgrün duftig
brechen aus den Knospen aus,
schweben nun im Frühtau luftig,
wachsen aus dem Trieb heraus!

Leis' beginnt der Baum zu beben,
Säfte in den Stamm einfließen,
in die Spitzen sich ergießen
zu Beginn des neuen Lebens!

Frühling strömt aus dem Baum!

Sonnenschein liegt auf dem Wald -
Wasser empor steigt im Stamm;
Erdreich ruht immer noch kalt,
weiterhin feucht, kühl und klamm!

Wasserdampf zieht in den Raum,
treibt dabei Säfte hinan;
Frühling strömt nun aus dem Baum,
unsichtbar Leben fängt an!

Feuchte, sie fließt jetzt ganz leicht
in die umgebende Luft;
Blüten nun werden erreicht,
folgen mit bitterem Duft!

Knospe bricht hart aus dem Ast,
weiß ist ihr Blühen wie Schaum;
Blätter vom Wehen erfasst:
Frühling nun strömt aus dem Baum!

Wolkenspirale

Die dichte Wolkenschicht,
schließt sanft das Himmelsjoch;
und plötzlich fällt viel Licht
durch dieses Wolkenloch –

die Sonne nun hinein dringt,
berührt den feuchten Saum
und zur Verdunstung zwingt;
gibt einer Öffnung Raum –

schon drehn die Wolken weiß
sich um das Loch herum;
ganz langsam in dem Kreis
spiralig kehren um!

Das große Atmen

<u>**Wolken**</u>

watteartig, nebelgleich;

grau und weiß, ein wenig blau -

Feuchtigkeit in ihnen ruht.

<u>**Bäume**</u>

In helles Frühlingslaub gehüllt,

von grauer Regenluft durchdrungen,

leise in dem Wasserdampf

schwanken sacht' die grünen Riesen,

rühren an den Himmel weit.

<u>**Atem**</u>

Luft berührt das Ahornblatt,

dieses öffnet seine Poren,

saugt das Strömen gierig ein,

zärtlich streckt sich jede Zelle

nach dem reinen Lebensstoff.

<u>**Raum**</u>

Aus jenem grünen Vorhang dringt

der quirlig strömende Gesang

des einen Vogels unsichtbar.

Mairegen

Gedämpfte Welt in trübem Licht:
in dunklem Grün stehn ferne Wälder;
es scheint die Sonne heute nicht,
in trübem Gelb Rapsblütenfelder!

Das frisches Grün hängt von den Bäumen
und senkt sich über nasse Straßen;
der Regen prasselt an den Säumen,
wo graue Schöllkrautbüschel saßen!

Schon Apfelblüten grau verfilzt,
vom kühlen rauen Wind zerzaust;
am Boden erst der Graupel schmilzt,
es wirft der Maulwurf, der dort haust!

Die weißen Blütenkerzen treiben,
und jede formt ein kleines Zelt;
durch Tropfen an den Autoscheiben,
durch Regen - blick' ich in die Welt!

Die Wolke

In stahlblauer Luft

Dehnt sie sich wie Watte aus

Und vergeht dann sanft

Die Birke erwacht

Es keimt in den Zweigen ein zierliches Grün:
der Baum sich in zartgrünem Kleide nun zeigt;
die Kätzchen der Birke, bald werden sie blühn,
der Pollen wird stäuben, die Narben geneigt!

Die Birke, sie steht jetzt in strömendem Saft,
der über die Äste in Zweige vordringt,
und dann von den Knospen mit all' ihrer Kraft
in die sich entwickelnden Blättchen nun springt!

Die Blättchen, sie wachsen zu Segeln heran
und drängen sich öffnend zum lockenden Licht:
wachst nun, ihr Blätter, nur immer voran,
in euch wird neu aufgebaut Ader und Schicht!

Nach dem Gewitter

Dampfend noch die Luft,
drückt herunter schwül;
steigt der Lilienduft,
Windhauch fächelt kühl!

Himmel sich bewegt
dunkel - hell in Grau;
später glatt gefegt,
überwiegt das Blau!

Im Teich, da spiegeln sich
Baumsilhouetten nun -
Dunkel kommt auf mich,
nichts bleibt mehr zu tun!

Nach dem Regen

Wasserdampf steigt auf

Wird als Nebelband sichtbar

Vor den Berggipfeln

Wiesentau

Die Wintersonne schmilzt den Reif,
zu Tau zerflossen er gerinnt -
zuvor er war noch harsch und steif,
und viele Tropfen nun gewinnt,

die schimmernd auf der Wiese prangen,
drin spiegelt sich der Sonnenstrahl,
der in den Kügelchen gefangen:
Facettenaugen ohne Zahl!

Regenkühle

Sie glitzern wie eisige Zäpfchen

um die Blütenkugel gesamt:

Tausende winziger Tröpfchen -

auf rotem Begoniensamt!

Altweibersommer

Tau und Sonne
zart verbunden -

Tropfen schmücken
feinste Fäden -

Formen bilden
klar im Lichte -

Spinnennetze:
eine Einheit!

Kapitel 4:

Formen des Wassers - Reif

Reifbildung am Boden

Winterbeginn

Die Kälte fällt in unser Land
wie durch einen Trichter ein;
kriechend wie ein schweres Band
sinkt sie in das Tal hinein!

Mit dem Frost entsteht der Reif,
blüht eisig kalt und harsch,
der Wind, er friert er den Boden steif,
fegt durch die Täler barsch!

Bäume im Reif

Baumgerüste nackt und kahl,
der harsche Reif sie nun bedrängt;
Verästelungen ohne Zahl,
die feinen Spitzen eingezwängt!

Der Stamm steht windschief in der Neige,
von dort das Astwerk schaut heraus;
der Reif besetzt auch zarte Zweige,
und deren Enden brechen aus!

Verästelungen ohne Zahl
an Baumgerüsten nackt und kahl:
der Reif des Winters sie bedrängt,
die feinen Spitzen eingezwängt!

Die Feier des Winters

Des Nachts wird es frieren -
und glitzernde Kristalle
überall an den Bäumen
werden am Morgen
in Schönheit leuchten!

Wenn die Sonne dann scheint,
erstrahlt eine Zauberwelt,
wie wir sie selten erleben,
doch freudvoll genießen -
der Winter feiert sich selbst!

Bizarrer Reif

Die Eisesnacht erschuf den Reif,
die Welt ist jetzt erstarrt und steif.

Bäume stehn in weißer Pracht,
Kristalle bildeten sich sacht
an den trockenen Blütenstielen -
wie zarte Daunen an Federkielen!

Dieses bizarre gefrorene Band
formte ein leuchtendes Winterland.

Gräser nun sind mit Nadeln gespickt,
Sträucher mit weißen Perlen bestickt -
mit kristallinen weißen Flocken,
die uns mit wahrem Zauber locken!

Gefrierender Nebel

In Nebeltröpfchen
Viel gebundenes Wasser
Unwirkliche Welt

Die Sonne ist fern
Weiß wie Milch ist der Luftraum
Er lastet auf mir

Kein Windhauch regt sich
Unheimliche Stille herrscht
Verschluckt Geräusche

Unendlich eisig
Von der Erde zum Himmel
Schwebt der Nebelfrost

Und wo er festfriert

Bildet sich Reif an Bäumen

Kristalle entstehn

Fröstelnd und frierend

In trostloser Umgebung

Steh ich mittendrin

Nur ein paar Spatzen

Streifen durch die zähe Luft

Wechseln die Zweige

Märchenhafter Reif

Weiß leuchtend gefrostet die Bäume,

die Luft um sie her azurblau;

dahinter sich weiten die Räume,

sich öffnend zur Märchenschau!

Vieltausende Nadeln gespickt,

Kristalle auf jedem Gerüst;

sie sind in den Ostwind gerückt,

der Berge und Baumriesen küsst!

Dahinter sich weiten die Räume,

sich öffnend zur Märchenschau;

die Luft um sie her azurblau,

weiß leuchtend gefrostet die Bäume!

Raureif auf den Höhen

Raureif auf den Weinbergshöhen
über'm glänzend blauen Rhein:
herrlich glitzernd weiß entstehen
kristalline Sterne rein!

Feuchte wurde aufgenommen,
die in tiefer Nacht gefror;
Bäume haben Reif bekommen,
ragen über'n Grat empor!

Wunderbar das goldene Glimmern,
wird der Raureif angestrahlt;
leuchtend hell Kristalle schimmern
in der Sonne wie gemalt!

Raureif

Der Frost erschuf den harschen Reif,
die Landschaft scheint erstarrt und steif.

Die Fichten stehn in weißer Pracht,
Kristalle bilden Sterne sacht -

an zarten Blüten, Blättern, Stielen
wie Daunen stehn an Federkielen.

Bizarr erleuchtet dieses Band,
es formt ein weißes Winterland.

Mit Nadeln ist das Gras gespickt,
mit Perlen fein der Strauch bestickt.

Es sind die kristallinen Flocken,
die uns mit wahrem Zauber locken.

Raureif in der Winterlandschaft

Auf dem Teich liegt klares Eis,
in der Nacht war tiefer Frost;
jeder Baum und Strauch ist weiß,
Reif kam durch den Hauch von Ost!

Amseln fliegen durch den Garten,
plustern auf ihr Federkleid;
auch die Vögelchen, die zarten,
schützen sich vorm Winterleid!

Noch sind Hecken voll von Eis,
und die Landschaft harsch gefroren;
bald schon grünt am Baum das Reis,
Vögel, gebt euch nicht verloren!

Eisnebel und Reif

In Nebeltröpfchen
Viel gebundenes Wasser
Unwirkliche Welt

Die Sonne ist fern
Weiß wie Milch ist der Luftraum
Er lastet auf mir

Kein Windhauch regt sich
Unheimliche Stille herrscht
Verschluckt Geräusche

Unendlich eisig
Von der Erde zum Himmel
Schwebt der Nebelfrost

Und wo er festfriert
Bildet sich Reif an Bäumen
Kristalle entstehn

Schneesterne

Die zarte Flocke schwebt
herein in frostiger Luft;
mit anderen sich verwebt -
wirkt Stille, Frische, Duft!

Zur Schicht sie schwellen an,
Schneesterne leuchtend weiß -
Kristalle filigran
verbinden sich zum Kreis,

der nach den Seiten sprießt,
umhüllt Haus, Hof und Feld -
der Stille uns erschließt
und Rückzug von der Welt!

Kapitel 5:

Formen des Wassers - Schnee/Eis

Verschneite Blütenstände

Verschneite Blütenstände

Vergangen ist ihr Blühen,
nur noch Gerüste stehn;

beginnen weiß zu glühen,
wenn Flocken auf sie wehn!

Leichter Schneefall

Leis' legt sich der Schnee
auf Stein, Busch und Baum,
tut niemandem weh -
ein zärtlicher Traum!

Die Schicht in Schneeweiß
füllt Acker und Flur -
geschützt ist das Reis
in freier Natur!

Beim lockeren Fallen
des Schnees zartem Duft -
sanft Flocken sich ballen
in schneereicher Luft!

Schneekristalle

Weiß

Die Flocken

Segeln weit herab

Als filigrane luftige Kristalle

Schnee

Schneegestöber

Zarte Flocken niedersinken,
von dem Wind leicht abgelenkt;
glitzernd in dem Licht aufblinken,
kaum dass sie sich abgesenkt!

Schicht auf Schicht am Boden aufsetzt,
die Kristalle hier verhaken;
Efeublatt mit Schnee benetzt,
Stängel aus der Schneeschicht staken!

Stunden wird es weiter schneien,
wie die Wolke Schnee gebiert;
so den Himmelsraum befreien,
unten dann zu Eis gefriert!

Schnee in Verwandlung

Flocke an Flocke
nun fällt aus den Wolken -

Vom Sturmwind verweht
und von Lasten gedrückt,
von der Sonne geschmolzen.

Aus Flocke wird Eis,
aus Flocke wird Tropfen,
aus Flocke wird Dampf.

Und aus Eis, Tropfen, Dampf
kehrt die Wolke zurück.

Reiner Schnee

Schnee ist Wasser in Kristallen,
zart und locker Flocken fallen!

Schnee ist wie die Unschuld rein:
weiß, ohn' Makel, schneit er ein!

Schnee, er schmilzt mir in der Hand,
in den Rieselstrom gespannt!

Schau dem Schneien hoch entgegen:
Lebenskräfte neu sich regen!

Weiß bedeckt der Schnee das Feld
und umhüllt die Winterwelt!

Schneeluft

Nachts ist Schnee gefallen,
eine dünne Schicht,
auf dem Laub sich ballen
Flocken seitlich dicht -

rieselt auch von ferne
zart und fein herab,
als kristall'ne Sterne
setzt er leis' sich ab -

Luft erfrischt die Nase,
duftet rein und klar
in der Schnee-Oase,
strömend unsichtbar!

Schneetreiben

Die Luft ist weiß.

In weiten Schwüngen
fegt der Wind
die Schneekristalle vor sich her.

Er wirft sie mir
prickelnd ins Gesicht,
das sich noch unverhüllt
dem wilden Winter ausgesetzt hat.

Schnee auf Zweigen

Schnee

geschichtet auf blattlosen Zweigen,

beim leisesten Windhauch

nun rieselnd vom Strauch!

Hinter den Wolken

die Strahlen der Sonne,

nach und nach löst sich

der Neuschnee jetzt auf!

Heimlich verschwindet

die weiße Bedeckung,

sich stetig verändernd

der Blick auf die Welt!

Streifen im Schnee

Weiß leuchtet der Schnee
Auf der Fahrt durch die Wälder
Bedeckt den Boden

Auf einmal Streifen
Senkrecht treten sie hervor
Wandernde Stäbe

Vom Wind hin geweht
Und seitlich festgefroren
An der Baumrinde

Die Welt scheint gestreift
Und immer neue Muster
Fliegen auf uns zu

Winterruhe

Wie von Puderzucker bestäubt
steht feierlich der Spindelstrauch
in milder winterlicher Ruhe.

Ganz leis' weht neuer Schnee heran,
weich schmilzt er auf meinen Haaren.

Weiße Zeppeline

Weiße Wolken fahren,

Zeppelinen gleich,

und die Nebel waren

luftig, wasserreich!

Fahren in die Höhen,

wo die Kälte wacht -

kondensieren, säen

Graupel in der Nacht!

Kapitel 6:

Lebensbereich Quelle/Heilquelle

Strömungsmuster

Die Quelle

Unterirdisch ist die Quelle,
die nach außen drängt hervor
auf die Wiese, in das Helle:
bildet sich als See davor!

Nun versickert hier das Rinnsal,
plätschert bald als kleiner Bach
und vollendet dann sein Schicksal:
fließt als Strom zum Meer hinab!

Der Lauf des Wassers

Es dringt durch Klüfte in den Berg,
verfängt sich in der Erde Schichten -
durchträufelt fein das Wurzelwerk
und wird zur Quelle sich verdichten!

Leise sickert es hinunter,
glucksend am kristall'nen Stein -
an weiten Stellen kaum noch munter,
fast lautlos rinnend, klar und rein!

Zaghaft auf dem Weg ins Tal
unter Mond und Silberlicht -
schneller strömend auf einmal,
sprudelnd voller Zuversicht!

Wasser

Von den Wolken sich ergießt,

an Fels' und Steinen läuft es ab,

als Rinnsal in das Tal hin fließt,

von Bergen bis ins Meer hinab!

Wasser ist, das sich bewegt,

von hoher Warte tiefer hin -

und dort, wo sich das Leben regt,

hat dies im Wasser den Beginn!

Wasser umgibt uns

Glitzert als Reif an den Bäumen,
weiß von Schnee sind die Berggipfel.

Der Tau auf den Wiesen schimmert,
Regen benetzt sanft meine Haut.

Hagel wirft sich prasselnd nieder,
zäh in den Senken liegt Nebel.

Wasser umgibt uns überall,
und es ist in uns verborgen.

Kristallklare Quelle im Wald

Wasser, du wundersames Wesen -
allüberall und doch erlesen!

Ohne dich gäb' es kein menschliches Leben,
kristallklar und rein bist du uns gegeben!

Tief aus der Erde herauf gestiegen,
hilfst du uns, Krankheiten zu besiegen!

Wasserquelle, verborgen im Wald:
köstlich, erfrischend und herrlich eiskalt!

Wasser ist Leben!

Wasser ist Leben,
wir sind von ihm durchdrungen
und es baut uns auf!

Ströme und Fluten
füllen die Ozeane,
Teil dieser Erde!

Wenn es verdunstet,
entsteht die Luftfeuchtigkeit
und damit Wolken!

Sie regnen herab,
geben uns reines Wasser,
das stillt unsern Durst!

Medium Wasser -
fest an Leben gebunden,
allgegenwärtig!

Die Wasserquelle

Du Wunder der Erde: Wasser
entspringst an den Steinen im Wald -
nun wirke mit deiner Wahrheit
verwandelnd und heilend auf uns!

Erquickende Quelle am Berg,
erfrische nun unsere Augen
für eine völlig andere Sicht -
von neuem Geist sind wir beseelt!

Die heilige Quelle

Die Wasserquelle das Erdreich durchdringt
auf ihrem Wege hin fließend zum Licht -
bei dem Herausströmen lebhaft springt,
zeigt uns ihr glasklares Angesicht!

Wo der Quell aus dem Felsen tritt,
ist ein uralter heiliger Schöpfungsort -
er bringt alle Kräfte der Erde mit,
ausfließend murmelnd das Zauberwort!

Birke am Bach

Gelbgrün schwebend,
zärtlich bebend
Birke schwingt entlang des Hains -

Fließen, Strömen -
Rauschen, Tönen:
Birke und der Bach sind eins!

Wissendes Wasser

Lebendiges Wasser der Quelle,

aus festem Gestein entsprungen;

du hattest als fließende Welle

den härtesten Fels bezwungen!

Quellwasser, du bist klar und rein:

ich bin gänzlich von dir durchdrungen -

du wirst wunderbar wissend und weise sein,

und hast schon die ganze Welt umschlungen!

Das Wasser der Zellen

Singen, das durch den Körper geht,
Klingen, das im Außen entsteht

beeinflusst alles Wasser der Zellen
allein nur durch den Rhythmus der Wellen.

Wasser ist Träger von Sprache und Sinn,
berührt alle Zellen bis tief innen hin.

Wasser ist alles umfassende Botschaft!

Fruchtwasser

Vom Fruchtwasser umhüllt,
bewegt sich der Embryo
im freien Raum,

allumfassend,
ihn umspülend
und ernährend,
in enger Berührung -

Es ist für ihn die Welt!

Kapitel 7:

Lebensbereich Bach

Kirschblüte am Wasser

Kirschbaum im Frühling

Hellgrüne Knospen

Werden zu Blütendolden

Die reinweiß leuchten

Blühender Kirschbaum

Aus diesem dunklen Ast
die weiße Blüte quillt,
sich aufbäumt ohne Grenze -

das grüne Blattwerk schwillt,
entfaltet sich zur Gänze
schwebt leicht und ohne Last!

Blühender Kirschbaum

Sumpfdotterblume

Leuchtendgelb

Die Sumpfdotterblume

Wuchert in Bulten

Am Bachrand fest verwurzelt

Wassergebunden

Die Kaulquappe

Die Quappe
solch ein Wesen ist:
ein Tierchen, das im Wasser schwimmt,

zur Kaulquapp'
wird in kurzer Frist:
wenn sie den Lebensruf vernimmt -

Froschquappe,
wohl mit Hinterlist:
Amphibie, die ans Ufer fand.

Frosch, quakend
Mückenlarven frisst
dann zwischen Bachrand, Sumpf und Land.

Ahornblüte

Blütenkugeln in gelbgrün

Ahornbäume leuchtend füllen!

Vor den Blättern eifrig blühn -

dunkles Astwerk hell umhüllen!

Ahornbaum

Jetzt ist es da,

das schlichte und einfache Spitzahornblatt!

Schatten ist nah:

die lappigen Blätter als Baumlaube matt!

Sommer wird wahr

durch saftige Sprosse an Austrieben satt!

Frühling geschah

mit gelbgrünen Dolden, hellglänzend und glatt!

Im Winter ich sah

nur ihre Gerüste, kein knospendes Blatt!

Das erste Grün

Das erste zarte frische Grün
im Winter noch, an Bach und Tal;
jetzt sehe ich mit einem Mal
der Haselkätzchen helles Blühn!

Das Buchenlaub liegt braun und dürr,
der Baum ruht noch vom Winter aus;
Clematisfrucht weißschopfig wirr
schickt Wattefäden rau hinaus!

Jetzt sehe ich mit einem Mal
der Haselkätzchen helles Blühn;
im Winter noch, an Bach und Tal
das erste zarte frische Grün!

Regenwalzer

Eins, der Himmel blau
Zwei, die Wolke grau

Drei, sie sich ergießt
Vier, als Rinnsal fließt

In den Bach hinein
Wieder Sonnenschein

Regenbogen spannt
Farben über's Land

Birken

Kalkweiß stehn sie am Hang.

Saugen begierig das Wasser,
das als Rinnsal vorbeiströmt.

Weißlich schimmernde Blätter
reflektieren aufblitzend
das Sonnenlicht.

Als Birke leben heißt
Wasser sparen.

Spätsommerabend

Sommer geht zu Ende,
fern der Vögel Lieder!

Kühle Luft und Stille -
Abend senkt sich nieder!

Wasser fließt im Bach -
der Mond, er leuchtet wieder!

Herbstfarben am Bach

Früh wird es kalt
entlang des Bachlaufs -

Sonne scheint schwach
in weißlichem Gelb -

flirrend die Strahlen
über den Himmel -

glühende Streifen
sanft sich verlierend -

in Wolkenmustern
hellrot und grau!

Birke im Schnee

Schneeflöckchen locker fallen

braune Birkenblätter
spärlich im Ästereisig verteilt
an dünnen schwarzen Ruten
gebänderte Rinde grünlichweiß
mit Algen überzogen

sie steht nur da
mit mächtigem Stamm

graue Äste durchdringen die Luft
Schnee schmiegt sich
an ihre dünnen zähen Zweige
und verbindet sich
mit ihrem Wesen

Kapitel 8:

Lebensbereich Fluss

Schwanenpaar mit Jungtier

Sommertag an der Lahn

Meisen im Weidenbaum singen;

die Bachstelze schwingt sich auf's Land;

Rufe des Fitis erklingen –

der Fluss, ein sich spiegelndes Band!

Vor uns die Auen und Höhen,

unten sind Schwäne im Lauf;

tausende Wunder zu sehen –

steigen vom Wasser herauf!

Im Gelbachtal

Türkisfarbene strömende Fluten –
das fließende Wasser sich aufschäumend staut
an querenden Stämmen, die dadurch verbluten,
ein Wirbel an Blättern sich um diese baut!

Am Ufer, da liegen nur Steine und Kiese,
Jahrtausende haben sie rundlich geschliffen –
der Beinwell blüht blau auf der schattenden Wiese,
dies herbwilde Flusstal, es hat mich ergriffen!

Der Eisvogel

Ein schillerndes Wesen

smaragdgrün und blau

in leuchtender Schau -

schön und erlesen!

Pfeilschnell dieser fliegt

zur Röhre, gegraben,

die Jungen zu laben -

sein Nestbau dort liegt!

Die Fütterung da

mit Fischen, gefangen,

die rasch sie bezwangen:

das Eisvogelpaar!

Bald Jungvögel starten:
sie tauchen im Fluss,
wo Nahrung sein muss -
ihr Leben erwarten!

Den Sommer genießen:
verbringen die Tage
am neuen Gelage -
hinüber sie schießen!

Smaragdgrün und blau
in leuchtender Schau
die schillernden Wesen -
schön und erlesen!

Der wilde Rhein

Von den Höhen schau' ich gerne:
weite Wiesen, Wald und Wein;
Blicke gleiten in die Ferne -
tief da unten fließt der Rhein!

Einstmals vor des Menschen Zeiten
floss der Strom am Berg fernhin -
grub sich ein seit Ewigkeiten,
schuf das steile Tal darin!

Wie er brandet in der Senke,
wie er nagt am grauen Stein:
wogend über Felsenbänke
strömt und schäumt der wilde Rhein!

Kieselsteine

Ein Steinblock, tausendfach zerklüftet,
er ruhte in des Flusses Grund;
von Strudeln überrollt, gerichtet,
gerieben immer wieder rund -

und stetig wird er angegriffen
vom Strom, der brodelnd spritzt und zischt;
hat feine Körnchen abgeschliffen
in seiner weißumschäumten Gischt -

bis runde glatte Steine blitzen
jetzt in des Baches zartem Schwall;
im flachen Bett der Strömung sitzen
nur blanke Kiesel überall!

Regenfront über dem Rhein

Viel Wasser fließt abwärts ins Tal
und mündet zuletzt auch im Rhein;
Wogen entstehn ohne Zahl,
stets drängt neues Strömen hinein!

Der Fluss in der Ferne verschwimmt,
nur fließende Massen zu sehn;
die Strömung Geröll mit sich nimmt,
und Nebel im Bergland sich drehn!

Vom Vorhang des Regens bedeckt
die Hänge des Tals schimmern weiß;
Sträucher zum Treiben erweckt
der Frühling in Blüte und Reis!

Nebel am Fluss

Rundherum nur Dunst,
in der Ferne Land;
mitten hin gefällt
steht die Nebelwand!

Vorn der kleine Fluss
langsam strömend rauscht;
sich die Landschaft zeigt
fremd und wie vertauscht!

Ohne Farbenglanz
Bäume stehn allein;
kalt und freudenlos
kann das Leben sein!

Ein Wintertag am Wasser

Geschneit hat es über dem Land,
weiß liegt der Schnee überall;
der Fluss wie ein gläsernes Band -
durchsichtig wie ein Kristall!

Windstill es ist an dem Fluss,
Baumriesen spiegeln sich hier,
die Sonne schickt Grüße zum Kuss
in dieses Winterrevier!

Da Strahlen und Bäume vereinen
sich beide im Widerhall;
der Flusslauf wird leuchten, und scheinen
spiegelnde Bilder ins All!

Eisnebel über dem Rhein

Stein und Bein hat es gefroren
auf den Bergen, bis ins Tal;
Nebel steigen aus dem Rhein!

In Berührung mit dem Frost
erstarrt die Luft zu Eisnebel!

Dieser bildet sich zu Wölkchen aus,
die dicht über dem Wasser schweben,
schmücken den Fluss mit feinstem Silber!

Eis auf der Mosel

Treibende Schollen

Auf dem Wasser des Flusses

Verwachsen zu Eis

Februartag am Rhein

Eisiger Nebel liegt über dem Fluss,

eine Spirale beginnt sich zu drehn;

zögernd die Sonne erhebt sich zum Kuss;

neblige Schwaden, die himmelwärts wehn!

Reißen sich Fetzen vom Eisnebel ab,

ziehen hinauf in die goldene Hülle -

auf dass die Sonne dringt tiefer hinab,

strahlend und wärmend in wohliger Fülle!

Kapitel 9:

Lebensbereich Wasserfall/Klamm

Sternmoos

Sternmoos

Ein Polster Moos
von Sternchen klein,
sie liegen bloß,
sind zart und fein!

Wo Feuchte fließt
in Blättchen ein,
dort sich ergießt
in Zellen rein!

Wasserfall bei Hvolsvöllur (Island)

Tief treiben dichte Wolken,
sind gleißend hell und grau,
dahinter freier Himmel:
strahlt leuchtend saphirblau.

Von oben rollt ein Strömen
als zarte Wasserwand,
sie rauscht mit lautem Tönen
herab aufs Felsenland.

Dort grüne Algen leben,
zum Wachstum stets bereit,
und Moose einwärts streben
zur Dauerfeuchtigkeit.

All' diese feinen Tröpfchen,
von ferne weit gestäubt,
befeuchten weite Räume
als Wassernebel leicht.

Die Wasseramsel

Wir stehen am stürzenden Wasserfall,
fühlen sein mächtiges Fließen,
hören ein Rauschen wie Donnerhall,
Ströme sich fernab ergießen -

bis in die Tiefe der Felsen hinab,
wo schon ein Wassertopf überquillt,
und einen unten entspringenden Bach
mit überfließendem Wasser anfüllt!

Die Wasseramsel ist schwärzlich und klein,
erkennbar nur an der schneeweißen Brust;
sie taucht nun ins brodelnde Bachbett hinein,
jagt Wasserinsekten mit Kampfeslust!

Sie stürzt sich nun erstarkend und fest
durch die schäumende Wasserwand,
und bald erreicht sie ihr Kugelnest,
gebaut am hinteren Felsenrand!

Und ihre Jungen, die füttert sie hier,
taucht immer wieder im Vordergrund auf;
erneut strebt es fort, dieses emsige Tier,
durch sprühende stiebende Wasser hinauf!

Wir stehen am Holzsteg ganz unbewegt:
die Wasseramsel bewundern wir sehr,
wie sie meistert das Schicksal, ihr auferlegt
auf dem Wege des Wassers ins Meer!

Am Wasserfall

Wasser bricht

durch Sonnenstrahl und Luft -

nimmt auf dabei das Licht,

sprüht Energien und Duft!

Wasser bindet

als wie der Erde Saft -

so wie es fließt, sich windet,

im Strömen alle Kraft!

Wasser eint

die Kraft aus Luft und Erde -

wenn auch die Sonne scheint,

es allumfassend werde!

Vom Wasserfall fließend

Schau, wie der ewige Wasserfall
stürzt vom schroffen Felsen dort
über Hunderte Meter herab -

formt dann den härtesten Stein,
auf den er fallend trifft,
zu glatten runden Kieseln -

um dann abgebremst
als Gebirgsfluss weiter zu rauschen
über Stock und Stein -

den Lauf verlangsamend;
erst in der Ebene
wird er gezähmt zum Wiesenbach!

Die Bachstelze

Die Bachstelze schwingt

Ihr Schwänzchen auf und nieder

Wippt nahe am Fluss

Das Farnblatt

Verankert am Waldrand
zum Frühling sich regt,
im Felsreich verborgen,
spiralig bewegt!

Das Farnblatt, es streckt sich,
lässt Fiedern heraus;
im Schatten ein Sattgrün
fein, zart und doch kraus!

Frühling in der Pulsbachklamm

Die Schlucht teilt den wilden ursprünglichen Wald,

liegt tief eingeschnitten im kühlenden Grund;

aus brodelnden Fluten strömt Wasser eiskalt,

und reißt die noch offenen Berghänge wund!

Der Bach stürzt vom Berghang hinunter zum Rhein,

quer liegt in der Rinne ein sterbender Baum;

wird Erdreich gebrochen, fließt Wasser hinein,

weicht dieses dann auf und greift höhlend sich Raum!

Wir steigen der Berghöhe taumelnd entgegen:

abschüssig die Wege, auf denen wir gehn -

auf Steinblöcken wandernd, ein wenig verwegen,

am tosenden Wasserfall bleiben wir stehn!

Dort wachsen die Farne in zartem Hellgrün,

daneben Busch-Windröschen leuchten in Weiß;

der heimische Lerchensporn Lila am Blühn,

in Gelb strahlt das Scharbockskraut vom grauen Gneis!

Das Wasser schießt rauschend den Einschnitt hinab,

wird wirbelnd, sich drehend, zu schäumender Gischt;

gibt Tropfen als Regen der Pflanzenwelt ab -

es prallt auf den Felsvorsprung, brodelnd erlischt!

Buschwindröschen

In dem mit Buchen bestandenen Wald
am Boden liegt totes und rotbraunes Laub;
an lichtvollen Rainen, da sprießen sobald
zartweiße Blüten aus Humus und Staub!

Der winzige Stern ist zerbrechlich und fein,
das Laub tief geschlitzt und in sattem Hellgrün;
an Rändern des Waldes scheint Sonne herein,
die grünweißen Inseln sind innig am Blühn!

Farne im Vorfrühling

Entlang der Felsschlucht wandern wir,

von dunklem Fichtenwald umfangen,

als wäre noch kein Leben hier:

zum Lichte wollen wir gelangen!

Dort unter'm Bachlauf frisches Grün

in dunkelbraun verholztem Grund:

mit einem leuchtend hellen Glühn

aus eines Farnes Trichterschlund!

Es ist ein Köpfchen flaumig zart,

darin ein Farnblatt liegt gestaltet,

das sich entrollt auf eigene Art:

aus der Spirale wird entfaltet!

Kapitel 10:
Lebensbereich See

Weiße Seerose

Weiße Seerosen

Wo Luft und Wasser gleiten,
durchmischend sich im Teich:
sich oben Blätter breiten,
die Wurzel Ankern gleich!

Mit ihrem weißen Blühen
von Ferne her sie blinken;
da mag mit rotem Glühen
die Sonne ihnen winken!

Seerose am Morgen

Knospe

Grün umgeben

Von dem Kelchblattkranz

Blüte

Wird sich regen

Und sich öffnen ganz

Über'm

Wasser schweben

In des Lichtes Glanz

Um

Dann zu erleben

Der Libellen Tanz

Frühe Seerose

Winterzeit vergangen,
tief im Schlamm vertäut,
hast du angefangen:
Stängel treibst erneut!

In Bewegung bleibe -
erst wenn blüht der Klee:
Wasserrose, treibe
aus in Teich und See!

Recke deine Blätter
an den Sprossen hohl
auf bei Frühlingswetter,
fühl' dich dabei wohl!

Lass' an Stielen sprießen
Knospen, aufgetaucht;
daraus Weiß ergießen:
Blumen zart behaucht!

Und im Sommer blühe
nah dem Riesenblatt:
leuchtend weiß erglühe
über'm Wasser satt!

Insel im Myvatn (Island)

Weidengebüsche auf Felsen
ankern im glasklaren See;
Wolken stehn eisgrau am Himmel,
tragen in Fülle den Schnee!

Nur eine einzige Stelle
wird von der Sonne bestrahlt:
hier sind die Ruten der Weiden
wie in den Seegrund gemalt!

Baum am Wasser

Am Fluss steht kahl ein Weidenbaum,
den Trieb zum Wasser abgesenkt;
die Wintersonne greift sich Raum
und hat ihr Licht an ihn verschenkt!

Bald steigen in dem Baum die Säfte
bis in die Knospen äußerst fern;
der Baum nun sammelt seine Kräfte,
denn er will leben allzu gern!

Und aus dem nackten Baumgeäst
sprießt es hervor in zartem Grün;
bald werden zu des Frühlings Fest
die Weidenblätter hell erglühn!

Wasser und Wind

Hart und hell fall'n Regentropfen,
singend saust dazu der Wind;
hämmernd auf die Steine klopfen,
dazu Lüfte säuseln lind!

Frühling ist herangekommen,
Milde breitete sich aus;
Eisesluft ist uns genommen:
Winter, ziehe ganz hinaus!

Hämmernd auf die Steine klopfen,
singend saust dazu der Wind;
hart und hell fall'n Regentropfen;
Frühlingslüfte säuseln lind!

Weidenbaum im Frühling

Im Frühling ist geschmolzen der Schnee,

von überall sprudelt der Wasserquell;

der mündet in einen so herrlichen See,

vom fließenden Wasser scheint türkishell!

Geschwungene Ruten führt nun die Weide

mit goldgelben Knospen hinab in den Fluss;

das Baumgeäst ruht im erneuerten Kleide

und ahnt nun des Wasserlaufs Überfluss!

Der Baum hängt die Triebe hinein in die Flut,

die Ruten, sie schwingen in Wasser und Licht;

da erträumt er der Frühlingszeit Farbe und Glut,

es verheißt ihm ein Leben jetzt ohne Verzicht!

Weidenbüsche

Starre graue Hölzer ragen
weit verästelt in den Raum;
filzig weiße Knospen tragen
mit Verlangen ihren Traum!

Feuchte sickert langsam einwärts,
Weiden stehn noch nackt und bloß;
Milde treibt das Wachstum auswärts,
kleines Knospenrund wird groß!

Stempel sollen bald sich regen
gelb und klebrig in der Blüte;
Knospen sich zum Licht bewegen
mit dem heiteren Gemüte!

Der Alpensee

Als blaugrünes Auge von oben geschaut
inmitten des Felsriffs, seit langem vertraut;
das Wasser in dortiger Bruchrinne mündet,
wo dieser See in der Tiefe sich gründet!

Je nach dem Lichtstand in dunkelstem Blau
bis zu einem kalkigen Helltürkisgrau;
grünschattige Wälder am unteren Hang,
die Bergkuppen karger, die Felsspitzen lang!

Welch' sauberes Wasser von oben her fließt,
sich von den Höh'n in die Tiefe ergießt:
durchscheinend ist es wohl bis auf den Grund,
wie es einfließend rinnt in des Alpensees Schlund!

Der Waldsee

Die Berge sich öffnen nur langsam,
die Klause im Innern geht auf;
der Ort scheint unheimlich und seltsam:
ein See, er glitzert herauf!

Umgeben von mächtigen Fichten
gebettet liegt er im Rund;
Man kann nur den Spiegel sichten
und blickt nicht auf seinen Grund!

Majestätisch und feierlich ruht er,
gekräuselt nur von jenem Hauch:
der Brise von seinem Grund her -
es säuselt ein weißlicher Rauch!

Mit unergründlichem Beben

begegnen sich Wasser und Luft;

im ganzen See ist kein Leben:

nicht Pflanzen, nicht Tiere, nicht Duft!

Es blinkt wie ein schillernder Stein:

sei es Bergkristall oder Opal -

mit seinen tausend Facetten hinein

in den unterirdischen Saal!

Kapitel 11:
Lebensbereich Teich

Wassergladiole

Wassergladiole

Glühend

Wie Feuer

Über dem Teich

Schwebt der rote Blütenstand

Hochsommer

Zaunkönig am Teich

Trinkt von Böschungsrändern
Wasser aus dem Teich;
fliegt von Rasenbändern
auf ins Inselreich!

Unter Nymphenblättern
duckt er sich vorbei;
wird sie überklettern -
ist dann wieder frei!

Huscht durch Wasserlinsen,
pickt Insektenbrut;
weiter zu den Binsen -
seine Welt ist gut!

Da sind die Fledermäuse!

In der Abenddämmerung
warten wir auf sie:

blitzesschnelle Schatten
schießen durch's Gebüsch;

federleicht sie folgen
dem Insektenflug;

sausen rauf und runter
durch den Garten hin;

mit der Flughaut gleitend
ohne jeden Laut;

senken sich auch lautlos
nieder auf den Teich;

trinken dann im Fluge
aus dem Spiegel glatt!

Es wird Nacht am Wasser

Der Frosch verhalten quakt,

er ist am Teich zuhaus';

so wie es ihm behagt,

springt er mal schnell hinaus!

Die Blumen sich jetzt schließen,

zu Knospen werden sacht;

Gewässer ruhig fließen,

und leise naht die Nacht!

Am Wasserspiegel

Weiße Schäfchenwolken
spiegeln sich im Teich;
Wind schlägt kleine Wellen
in dem Wasserreich!

Schärfe weicht dem Fließen,
zitternd nun verschwimmt;
Wolken sich ergießen,
Strom sie mit sich nimmt!

Regen im Teich

Tropfen einzeln fallen,

schreiben einen Kreis;

weit nach außen wallen:

Ringe - laufen leis';

und sich überschneiden,

dabei sich durchdringen;

langsam dahin scheiden

zu verflachten Ringen!

Sanfter Schnee

Schneeflocken sind sanft gefallen,
leicht schmelzen sie auf den Bäumen.

Die Primeln blühen weiß bestäubt,
Luft atmet Kühle und Frische.

Aprikosenfarbenes Licht
liegt auf dem Spiegel des Teichs.

Tauwetter

Auf dem Teich liegt noch das glatte Eis,
doch überall scheint dies nun anzuschwellen,

steigt aus der Tiefe hell und kalkig weiß,
von oben bröckelt es und feiner bricht,

bald ragen aus der Fläche runde Dellen,
und langsam wandelt sich sein Angesicht!

Vorfrühling am Teich

Graupel fällt in dichten Streifen,

auf dem Holzsteg schmilzt das Korn;

Märzenbecher weiß bereifen,

Gräser wehen schräg nach vorn!

Auf dem Teiche Wasserlinsen

gallertartig aufgelegt;

und am Rande stehn die Binsen

grünlich grau, vom Wind erregt!

Wasserpflanzen braun durchfeuchtet,

Haselstrauch mit gelbem Schein;

rosa durch die Kiefern leuchtet

Seidelbast im nahen Hain!

Sonne will die Wolken zwingen,

Tropfen fallen in den Teich;

und die Wellen gehn in Ringen

fernhin strömend sanft und weich!

Wasserspiegel bald sich glättet,

klar wie Glas sich schimmernd zeigt;

hell sich an die Moose bettet -

Kiefernzweig sich tief verneigt!

Vorfrühlingsnacht

Hell ist der Spiegel des Teichs
von dem sanft schimmernden Mond;

Gräser stehn starr und verholzt,
vorsichtig regt sich ein Halm;

Wind kurze Wellen erschafft,
zitternd den Urgrund bewegt!

Eine Handvoll Leben

Sanftes Getümmel

in der Korkenzieherhasel am Teich:

am Rande aufgetaut

eine ovale Stelle.

Hier baden zwei Kohlmeisen:

ihr Gefieder

in hellem zarten Gelb

und leuchtendem Ultramarinblau.

Mal mit klaren Umrissen,

mal unscharf, wenn sie sich schütteln.

Dann heben sie ab,

leicht wie Flockenbälle,

und tauchen wieder ein

in die Sphäre der Äste -

Eine Handvoll Leben!

Kapitel 12:

Lebensbereich Meer

Meeresstrand

Blau das Meer

Blau

Das Meer

Wellen branden auf

Von weißer Gischt erhellt

Salzluft

Am Strand

In einer weiten Sicht,
da zeigt sich Meer und Land -
des Meeres Angesicht
in Blau, vor gelbem Strand!

Die See im Sturme brüllt,
es brandet Schaum und Gischt -
die Flut den Sandstrand füllt,
mit braunem Tang vermischt!

Die Sonne jetzt auch strahlt
aus einem Wolkenloch -
die Landschaft, wie gemalt,
doch rau erscheint sie doch!

Von der Quelle zum Meer

Im Anfang ist die Quelle,

der Lauf des Wassers beginnt!

Der Bach fließt leise

und plätschert sachte dahin,

strömt als Fluss hinab!

Immer breiter wird der Strom,

gelangt in das mächtige Meer!

Von der Quelle zum Meer

An der Nordsee

Wassermassen stürzen nieder,

Stürme brausen übers Meer.

Hohe Wogen kehren wieder,

werden immer wieder leer,

wo sie sich am Rand ergießen

an der Küste rein und weiß,

und sie manches Gut entließen:

Muscheln, Steine - weit im Kreis.

Meereswogen kehren wieder,

werden immer wieder leer.

Wassermassen stürzen nieder,

Stürme brausen übers Meer.

Die Farben des Meeres

Das Meer rollt an Land;
ich sehe vom Strand
viel' Farbtöne leuchten,
die Wogen durchfeuchten!

Die Sonne aufstrahlt,
da erscheint wie gemalt
weiß schäumende Gischt -
an Land kommend zischt!

Ein kräftiges Grün:
der Smaragd mag erglühn;
ein Schwarzviolett -
Amethyst im Drusenbett!

Ebbe und Flut

Rauschend das Meer drängt zum Strand;

verhalten es zieht sich zurück;

wie dieser Rhythmus entstand:

das hatte der Mond stets im Blick!

Begründet durch Ebbe und Flut

das Wasser, es kann sich entfalten;

oder, gedrängt bis aufs Blut,

es wird zusammen gehalten!

Die Wellen des Meeres, sie strömen

zu Wogen gebündelt an Land;

sie rauschen, sie donnern und tönen

am Ort ihres Aufpralls, dem Strand!

Das Meer schickt Wogen

Das Meer schickt Wogen

Von schneeweißer Gischt umschäumt

An ferne Strände

Mondes Flut

Das Meer, es weicht
vom Küstenstrand,
der Einfluss reicht
zum fernen Land -

geballt die Wucht,
die riesenhaft:
des Wassers Flucht
durch Himmelskraft -

der Mond, er zieht
das Wasser fort,
so dass es flieht
an fernen Ort -

verfolgt ihn dann
in seinem Lauf;
im Ozean
läuft Wasser auf!

Mondes Flut

Salzpflanze Queller

Salzhaltig

Der Queller

Im Lebensraum Salzwiese

Oft vom Meer überschwemmt

Landbildend

Meeresfluten

Der Mond zieht das Wasser
hinaus in die See,
als folgte das Meer ihm
in seinem Umlauf!

Die Erde hat ebenfalls
Einfluss darauf:
durch Fliehkräfte treibt sie
das Meerwasser an!

Und Fluten entstehen
an Küsten fernhin,
bewirkt durch die Kräfte
von Erde und Mond!

Auf der Hallig

Auf einer Hallig,
ringsherum Meer -
von allen Seiten
weht es einher!

Hier woll'n wir bleiben,
was auch geschieht:
hoch Wogen treiben,
Sturm einwärts zieht!

Scheint dann die Sonne
auf's Eiland hin -
lebt man voll' Wonne
auf See - darin!

Manch' Blütenträume,
Strandflieder nett,
füllen die Räume
zum Halligbett!

Inseln im Meer

die Inseln im Wattenmeer,
sturmausgesetzt -

und manchmal fast menschenleer,
wasserbenetzt -

nur achtgeben muss man auf Fluten, die schwer:
dass sie nicht zerstören ein Eiland im Meer -

die Inseln im Wattenmeer sollen bestehn,
kein Sturm, keine Wogen soll'n über sie gehn!

Kapitel- und Titelverzeichnis

Verzeichnis der Fotos

© Heike Haas

<u>Titel:</u>   Verschiedene Strömungsmuster

Lyrik - Gedichte: Formen; Gedichtbeispiele

Gedichte mit Reim(Endreim) und Rhythmus

Februarmorgen (32)/ Frühling strömt aus dem Baum!
(43)/ Mondes Flut (175)

Gedichte ohne Reim, freie Gestaltung

Weiße Nebelwand (31)/ Birke im Schnee (109)/ Eine
Handvoll Leben (165)

Silbengedichte (kein Endreim, aber Rhythmus)

Birken (106)/ Das große Atmen (45)/ Herbstfarben am
Bach (108)

Elfchen (11 Wörter: 1/2/3/4/1 Wort pro Reihe)

Wassergladiole (154)/ Blau das Meer (168)/
Salzpflanze Queller (176)

Haiku (japanisch: 5/7/5 Silben pro Reihe)

Nebelschwaden (36)/ Die Wolke (47)/ Kirschbaum im
Frühling (98)